"十四五"时期国家重点出版物出版专项规划项目

农 业 科 普 丛 书

# 图说油菜耕整地机械化

主 编 张青松 廖庆喜 副主编 廖宜涛 肖文立

中国农业科学技术出版社

**图书在版编目（CIP）数据**

图说油菜耕整地机械化/张青松，廖庆喜主编 . –– 北京：中国农业科学
技术出版社，2023.1（2024.12 重印）

ISBN 978 – 7 – 5116 – 6118 – 0

Ⅰ . ①图… Ⅱ . ①张… ②廖… Ⅲ . ①油菜—耕整地机具—图解
Ⅳ . ① S222.5–64

中国版本图书馆 CIP 数据核字（2022）第 246597 号

| | |
|---|---|
| 责任编辑 | 周丽丽 |
| 责任校对 | 马广洋 |
| 责任印制 | 姜义伟　王思文 |

| | |
|---|---|
| 出 版 者 | 中国农业科学技术出版社 |
| | 北京市中关村南大街 12 号　邮编：100081 |
| 电　　话 | （010）82109194（编辑室）　（010）82109702（发行部） |
| | （010）82109709（读者服务部） |
| 传　　真 | （010）82109194 |
| 网　　址 | https://castp.caas.cn |
| 经 销 者 | 各地新华书店 |
| 印 刷 者 | 北京捷迅佳彩印刷有限公司 |
| 开　　本 | 787mm×1092mm　1/20 |
| 印　　张 | 3 |
| 字　　数 | 60 千字 |
| 版　　次 | 2023 年 1 月第 1 版　2024 年 12 月第 2 次印刷 |
| 定　　价 | 30.00 元 |

# 资　助

国家重点研发计划项目（2021YFD2000401）

国家自然科学基金（32001427）

财政部和农业农村部国家现代农业产业技术体系（CARS-12）

农业部全国农业科研杰出人才及其创新团队（2015-62-145）

农业农村部油菜全程机械化科研基地

老吴年轻的时候就开始在长江三角洲地区打拼，做农产品贸易起家。近年来生意越做越好，加上国家大力号召乡村振兴，让老吴这个离家多年的游子有了投资家乡农业、回馈家乡的打算。

有了初步计划后，老吴在家乡展开了产业调研。在一望无际的油菜地前，老吴看到了一位正在对油菜进行田间管理的老乡，就走上前去攀谈起来。

老乡，您这油菜长得真好，这么一大片，放眼望去满是金色花海呀！

是啊，由于国家实行乡村振兴战略，我们县因地制宜，鼓励咱老百姓种油菜。现在油菜品种多样，浑身是宝，还能发展乡村旅游业呢。

那种油菜还真是个不错的选择！老乡，想要油菜种得好，也需要学问吧！您在种植油菜过程中有没有遇到什么生产难题？

要说生产难题那肯定是有的！咱们这里种的是冬播油菜，前茬是水稻，现在秸秆不让烧，大量堆放在地里，土质又比较湿黏，地不好耕，沟不好开，导致种子播到田里后，出苗不好。

这确实是个难题，那您一般是怎么解决的？有相关的技术培训吗？

现在为了帮助我们解决种植难题，科学种植油菜，会有技术人员下乡指导油菜生产，或者相关部门组织开展油菜机械化生产技术培训班，手把手教我们怎样种植油菜。

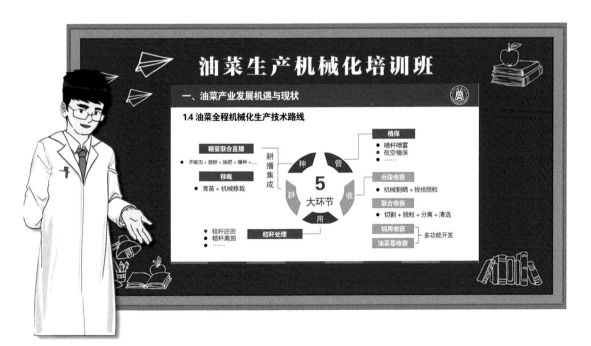

这真是好事啊！有了技术指导，只要风调雨顺，油菜就能茁壮生长！那您知道如果想了解油菜种植技术，应向谁请教吗？

我建议您去找油博士，他经常下乡来给我们讲解油菜种植方面的技术。

油博士，您好！我是老吴。听说您是油菜种植方面的专家，经常帮农民解决油菜种植难题。有关油菜生产技术方面的问题，想向您请教一下！

欢迎欢迎！看您具体想了解什么问题，我们可以一起交流讨论一下！

油博士，我主要是做农产品贸易工作的，现在国家提出乡村振兴，我想投资农业，回馈家乡。目前看到乡亲们种植油菜比较多，想向您请教下目前油菜种植前景。

目前国家重视油料作物生产，油菜在长江中下游地区种植广泛，我们这里也会经常举办油菜机械化生产技术培训班。

同时，油菜现在可以多元利用，除了您了解到的可以榨油及观光旅游外，还可以作为饲料和蔬菜用。油菜青饲料可以在冬春季节喂牛羊。油菜薹低热量、低脂肪，富含膳食纤维和各种微量元素，是高营养价值蔬菜。

油菜现在有这么多功能呀，确实不错。我听老乡说现在种油菜，有时候苗出不好，这是怎么回事呀？

在我们这地方种油菜确实存在这个问题，主要是播种前地没整好导致的。由于我们这里是稻油轮作种植模式。种植油菜前，地里有大量水稻秸秆，有时地表又比较湿黏，旋耕开沟作业质量不高，有时还会堵塞机械，雨水多的时候，机械下田都困难，无法作业。不过随着相关配套机具的开发，部分问题已经得到解决。

油博士，耕整地难点我清楚了，那您能跟我讲解下，油菜耕整地技术要求及相关解决办法吗？

好呀，宣传讲解油菜种植技术就是我的工作内容之一，我一点一点跟您详细讲解。油菜耕整地环节较多，以前全靠人工，作业劳动强度大，成本高，而现在主要依靠机具来进行。

在长江中下游地区，油菜种植机械耕整地主要作用是处理秸秆、细碎土壤、开沟和施肥等，环节包括地表秸秆根茬处理、厢面土壤细碎平整、作畦开沟和深施肥等，各环节主要技术要求如下。

**秸秆根茬处理**：对前茬秸秆根茬进行切断及埋覆处理，以利于秸秆腐烂肥化。

**土壤细碎平整**：对厢面板结土壤进行细碎处理，获得一定深度松碎土壤层，使土壤上虚下实、土壤细碎、厢面平整。

**作畦开沟**：厢沟宽 20 ～ 35 cm，深 18 ～ 20 cm。腰沟、围沟宽 25 ～ 40 cm，深 25 ～ 30 cm。以利于排水。

**深施肥**：主要包括穴施和条施，肥料施到厢面 7 ～ 10 cm 深度土层内，减少肥料施用量，提高肥料利用率。

油菜种植要把地整好，不简单呀。那目前有哪些配套的生产机具呢？

根据油菜生产不同种植要求、种植规模及作业地表，可选择使用与之相对应的机具。下面针对不同的生产场景，可以选择的油菜耕整地机具类型，我对照资料依次给您介绍。

对于常规的稻茬地表种植油菜，现在生产上用得比较多的是油菜精量联合直播机，可以实现旋耕灭茬、开沟作畦、厢面平整、播种施肥等功能。通过旋耕细碎土壤并埋覆秸秆，用组合式开畦沟犁作业，开出排水畦沟，覆土板进行厢面的平整作业。该直播机一次下地作业，就可以完成油菜种植耕整地所有工序。

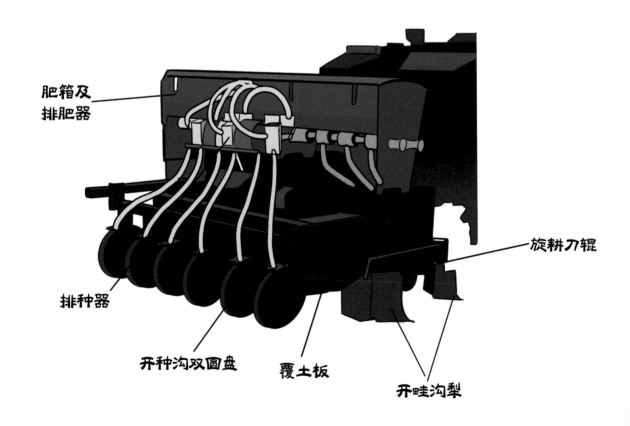

肥箱及排肥器

旋耕刀辊

排种器

开种沟双圆盘

覆土板

开畦沟犁

这个机具适合在含水率低于 30%、秸秆留存量不大的地块作业，埋茬、碎土、开畦沟及厢面平整等作业效果，都很不错！

一次作业、功能集成，这个就省时省力了。我们这里雨水较多，如果在比较泥泞、比较湿的地块，这个机具还能下田干活作业吗？

您的意思是指针对土壤含水率比较高的地块吗？只要拖拉机能下田行走作业，这个油菜精量联合直播机就可以作业，不过要换另一种形式的开沟犁，开畦沟质量会更好。

　　我推荐把开畦沟后犁换成组合式船型开沟犁。通过铧式前犁破土、组合式船型开沟后犁挤压整形，开出排水畦沟。这种开沟方式适合含水率比较高的地块。

组合式船型开沟犁

我看田块里都有很多前茬水稻秸秆，秸秆对机具作业有影响，能不能直接在田里把前茬秸秆进行焚烧？我印象中，以前秸秆是可以直接在田里焚烧的。

焚烧秸秆都是过去时了，现在国家禁止焚烧秸秆，要求秸秆还田，避免污染环境。咱们要遵守政策，把秸秆给充分利用起来。秸秆还田还有不少作用呢！比如提高土壤有机质、补充土壤养分、促进土壤微生物活动、减少化肥施用量、改善农业生态环境等。

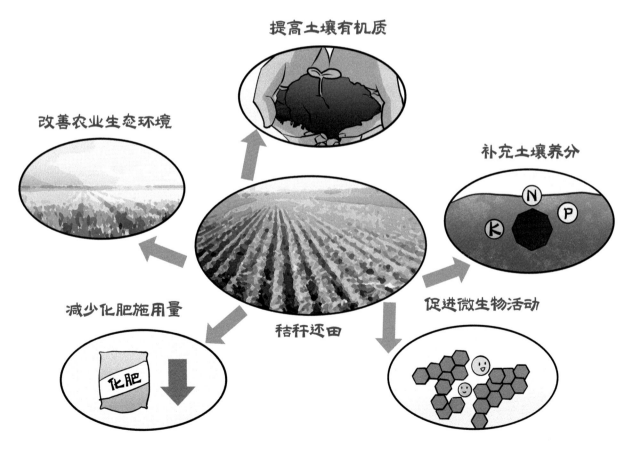

提高土壤有机质

改善农业生态环境

补充土壤养分

秸秆还田

减少化肥施用量

促进微生物活动

我听说现在水稻产量越来越高，田间秸秆生物量越来越大，秸秆不能焚烧，都堆放在田间，您刚才提到的油菜精量联合直播机还能作业吗？

秸秆还田处理现在是油菜耕整地机具作业中面临的一个难题。针对这种稻茬地，油菜精量联合直播机还是很有挑战性的，秸秆很容易缠绕在刀辊上，造成机具作业堵塞。

这种情况可以先用铧式犁翻一遍地，再用直播机作业就可以了。不过拖拉机下两次地不划算，所以我推荐犁旋组合式耕整，一次下地完成犁翻、旋耕两道工序。

下面这款犁旋组合式油菜直播机，主要由扣垡犁、旋耕装置、开畦沟犁组成，首先通过扣垡犁将高茬秸秆倒扣翻埋，然后利用旋耕完成碎土、平整厢面作业，开畦沟犁同步开沟，一次下地完成耕整地所有工序。

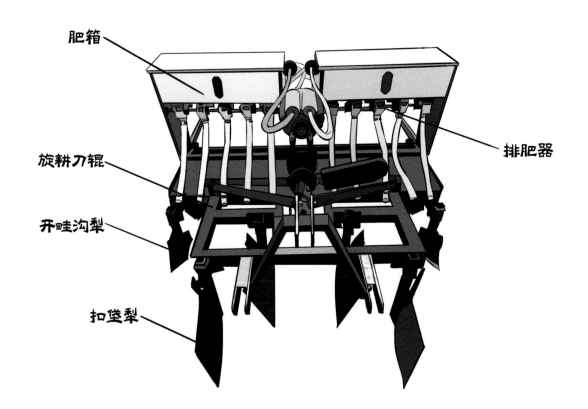

肥箱

排肥器

旋耕刀辊

开畦沟犁

扣垡犁

您看，这是犁旋组合式油菜直播机在高茬地表作业的效果。地表这么多秸秆，机具一次作业就将秸秆都埋到土壤层里，厢面地表基本都看不到秸秆。

　　还有下面这种主动式犁旋耕整机，通过偏置圆盘犁主动旋转，翻埋高茬秸秆和土壤，旋耕装置进一步细碎土壤、平整地表。该机具通过主动犁耕与旋耕相匹配的联合耕整，一次作业完成秸秆埋覆、土壤细碎平整和开畦沟等多种功能。

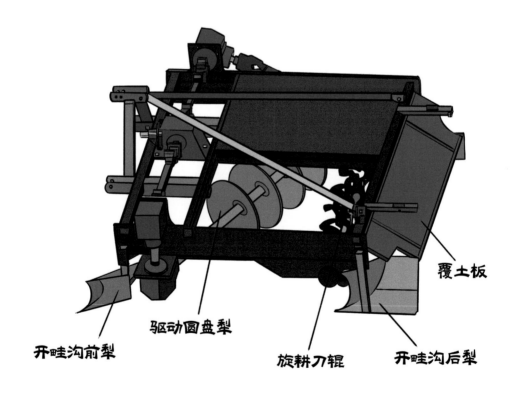

覆土板

驱动圆盘犁

开畦沟前犁

旋耕刀辊

开畦沟后犁

其动力传动方式如下，拖拉机动力输出轴给中央齿轮箱提供转动动力，动力通过万向节，一个方向传给偏置圆盘犁，实现圆盘犁主动旋转翻埋高茬秸秆，另一个方向传给旋耕部件，实现土壤细碎平整。

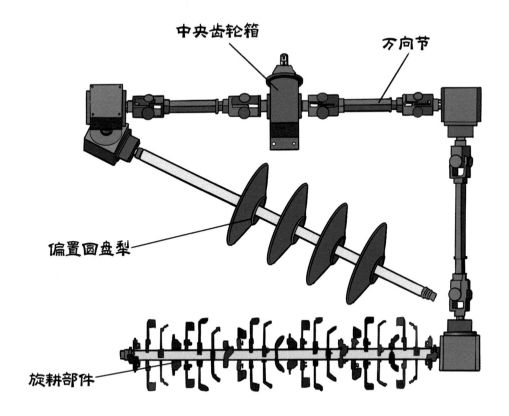

中央齿轮箱

万向节

偏置圆盘犁

旋耕部件

刚才介绍的机具，其圆盘犁采用的是偏置布置，还有下面这种圆盘犁采用对称布置的形式，作业原理和功能与上面那款机具相同，但整机结构更紧凑。

通过采用圆盘犁主动旋转作业翻埋秸秆，旋耕部件细碎平整土壤，对称安装于前方两侧的开畦沟犁作业排水畦沟。同样，一次作业，完成秸秆埋覆、土壤细碎平整和开畦沟等多种功能。

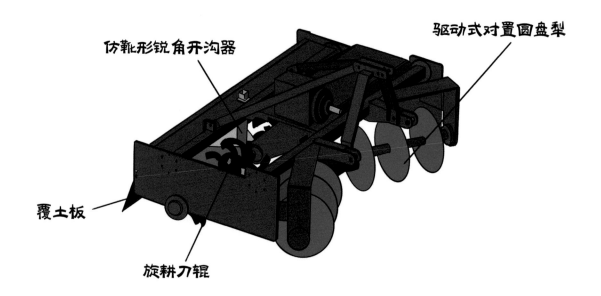

仿靴形锐角开沟器

驱动式对置圆盘犁

覆土板

旋耕刀辊

这种采用主动犁耕和旋耕组合式作业的耕整机，非常适合在地表秸秆量大的地表作业，秸秆埋覆率高，作业后的细碎土壤层厚，作业效果好。

嗯，这主动犁旋耕整机作业效果是挺好的，秸秆基本上都埋进土壤里面了。不过看这种犁旋组合式耕整机的尺寸相对都比较大，在小地块作业的话会不会有点不太方便呢？

当遇到道路狭窄、田块面积小的情况，这种尺寸较大的机具在道路运输和田间地头转弯时，确实会有些不方便。当然，遇到这种情况，我们还有其他选择。接下来我给您介绍两种同样可以实现秸秆埋覆、尺寸又比较紧凑的机具。

第一种是下面这种刀筒式反旋旋耕装置，主要由深浅旋组合式刀辊、侧边齿轮箱、开畦沟犁、肥箱、排种装置和覆土托板等组成。

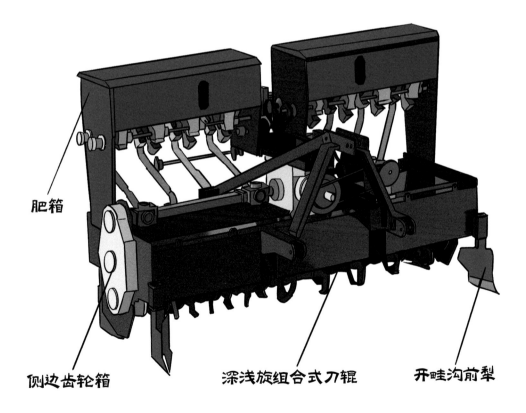

肥箱

侧边齿轮箱　　　　深浅旋组合式刀辊　　　　开畦沟前犁

主要作业原理是采用反转旋耕作业，刀辊上装有深旋弯刀和灭茬弯刀，在厢面上播种带进行深旋耕作业，在灭茬带进行浅旋灭茬作业，随后由覆土托板将整个作业区域平整，开畦沟装置同步完成开畦沟作业，完成秸秆粉碎、秸秆翻埋、碎土平整等功能。同时如果装上施肥铲，还可以完成深施肥作业。

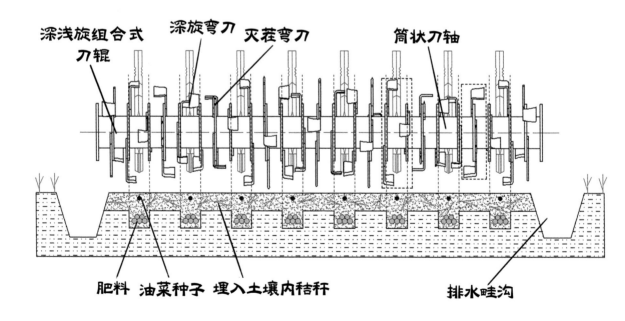

这个机具结构紧凑些，但只有单独的旋耕作业，那埋茬作业效果怎么样呀?

机具埋茬效果也很不错，它虽然只有单独的旋耕作业，但是由于对旋耕刀辊和旋耕刀结构进行巧妙设计，埋茬效果也很好，而且机具作业过程中不会出现秸秆缠绕，导致机具壅堵的现象。

第二种是下面的铲锹式种床整备机，主要由铲锹单体、平土拖板、罩壳、组合式开畦沟犁、限深装置等组成。

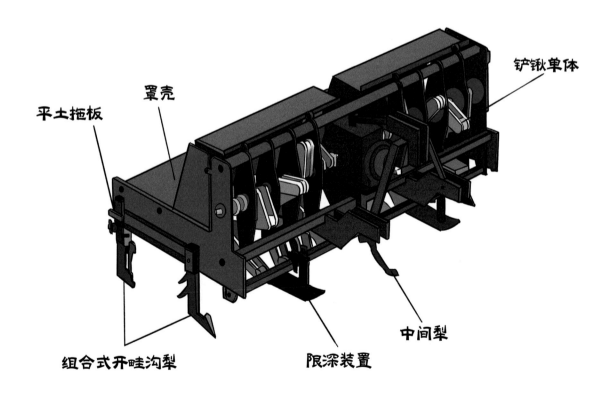

铲锹单体

罩壳

平土拖板

组合式开畦沟犁

限深装置

中间犁

您看它的主要工作部件，像不像咱农民种地用的铲锹？这款机具是根据人工铲锹抛土动作研发的，通过曲柄连杆机构带动铲锹运动，土壤和秸秆被铲锹切碎后抛往后上方，与罩壳碰撞细碎，在下落过程中撞上拦土耙，通过拦土耙进一步碎土、埋茬，最后由平土拖板平整厢面，实现秸秆混埋、土壤细碎平整等功能。

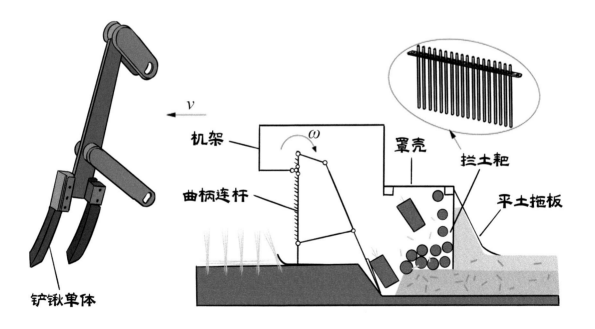

铲锹单体

机架

曲柄连杆

罩壳

拦土耙

平土拖板

再看看这款铲锹式种床整备机的作业效果，在地表有较多水稻秸秆的情况下，耕整过的厢面，效果也是相当不错的！

上面提到的几款机具都是把秸秆埋进土壤里面，那除了这种形式，还有没有其他处理秸秆的方式？

有其他方式，比如像这样，秸秆覆盖在地表。通过把秸秆覆盖在土壤表层，能够抑制土壤风蚀、吸收自然降水、降低土壤中水分蒸发速度，所以有些农户为了提高土壤含水率，也会选择秸秆地表覆盖还田的方式。

目前也有相关的机具来实现秸秆地表覆盖还田作业。这套机器是在油菜精量直播机上加装一套覆秸装置，覆秸装置主要由秸秆捡拾装置、秸秆输送装置、链式提升装置和秸秆均匀铺放装置组成。

机具作业时，秸秆捡拾装置先将地表秸秆拾起向后抛送至秸秆输送装置，为播种创造无秸秆的清洁环境，随后秸秆经过链式提升装置向后输出抛出，经秸秆均匀铺放装置均匀地抛撒到已经播种的地表，完成秸秆覆盖厢面作业。

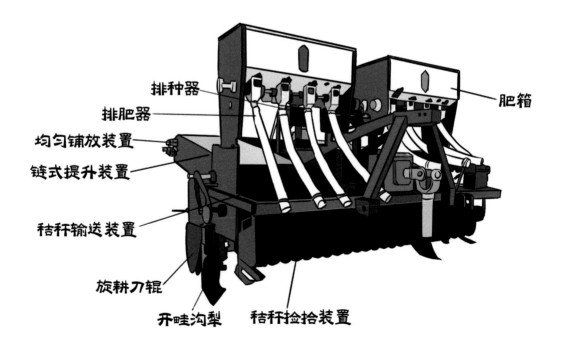

排种器

排肥器

均匀铺放装置

链式提升装置

秸秆输送装置

旋耕刀辊

开畦沟犁

秸秆捡拾装置

肥箱

这秸秆全覆盖在播种后的厢面了，效果看起来不错！有蓄水保墒需求的地方，用这款机具最合适了。

有些地方，地里秸秆较少，墒情较好时，想提高机具作业效率及速度，比如实现 6 km/h 以上作业速度，可以选用轻简高效的作业机具，实现少免耕作业。

油菜种植少免耕作业是指不对土壤和地表秸秆进行处理或者只进行浅旋灭茬作业，但必须保留开畦沟排水作业功能。这样可以在降低作业功耗的同时提高机具作业速度，以达到轻简高效的种植需求，机具结构组成如下图所示。

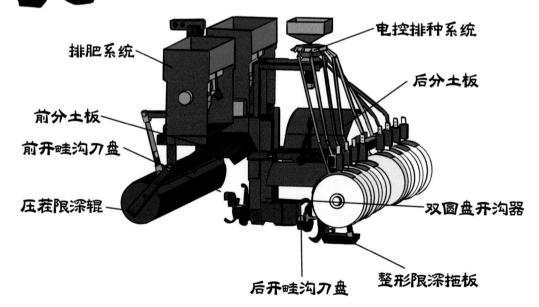

排肥系统　电控排种系统　前分土板　后分土板　前开畦沟刀盘　压茬限深辊　双圆盘开沟器　后开畦沟刀盘　整形限深拖板

机具作业时，通过压茬辊将秸秆压平，接着前旋转刀盘顺时针旋转初步开畦沟，后旋转刀盘逆时针旋转，进一步加深并整形，并将沟土细碎后分别向左右两侧抛土，随后均匀覆盖到地表，形成少免耕播种厢面，机具作业效果如下图所示。

刚才介绍的是我们常见的小田块作业对应的少免耕机具，要是碰到平原地区的大田块需要少免耕作业生产情况，就要用到这台宽幅浅旋灭茬少耕机具，主要由浅旋刀辊、液压折叠系统、开沟部件等组成。

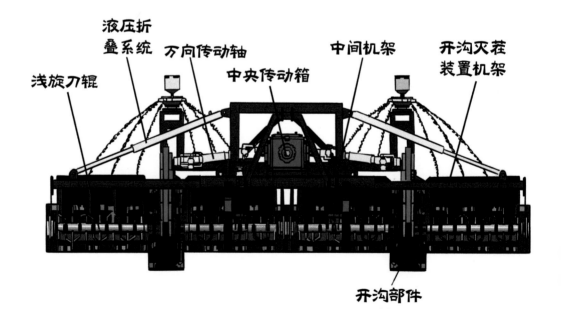

工作时两边开沟灭茬的浅旋刀辊通过液压折叠系统展开，机具的浅旋刀辊与开沟刀盘旋转，随着机组前进，浅旋刀辊灭茬，开沟部件开出畦沟，排出土壤细碎后，经分土导流板后均匀覆于厢面，为油菜播种提供适宜的种床条件。

如果是油菜种植区域适播期降水量多，导致土壤含水率波动大影响油菜成苗的问题，就要用到这台油菜微垄联合直播机，主要由排种器、微垄装置、旋耕装置、肥箱等部件组成。

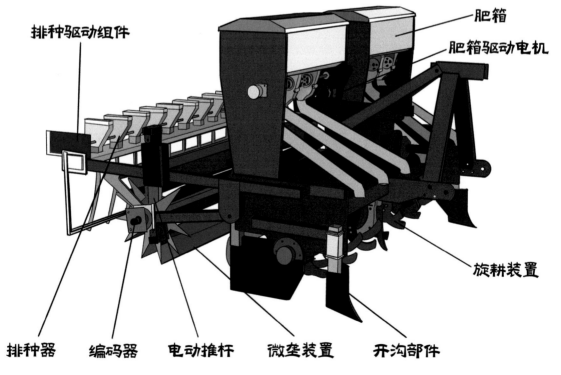

排种驱动组件

肥箱

肥箱驱动电机

旋耕装置

排种器　　编码器　　电动推杆　　微垄装置　　开沟部件

工作时，旋耕装置先将未耕土壤旋碎、灭茬，同步开出畦沟，随机具前进，微垄装置将土壤堆积成微垄，排种器将种子均匀播种到微垄表面。微垄装置将种床立体化，利于排水调墒、改善植株通风透光条件，为油菜成苗提供适宜的种床环境。

由于油菜各生育期内受渍害都会影响油菜产量，为了便于厢面雨水排出，厢面采用拱形厢面，可以显著改善油菜苗受渍水的问题，同时可以提高厢面平整度，利于油菜生长，拱形厢如下图所示。

　　作业出拱形厢面的机具关键组成是起垄部件和变轴颈整形辊。起垄部件旋耕刀作业时都向厢面中央输送松碎土壤起垄，初步形成拱形厢面，浮动安装的变轴颈整形辊通过控制对厢面镇压力，进一步对厢面进行整形，形成稳定的拱形厢面。

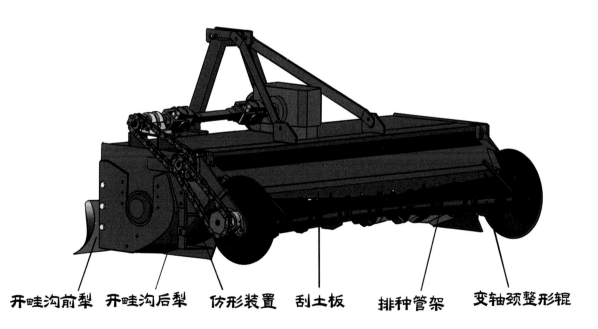

开畦沟前犁　开畦沟后犁　　仿形装置　刮土板　　排种管架　　变轴颈整形辊

油博士，您刚才提到秸秆还田可以起到肥料的作用，那用这些机具耕整地后播种油菜，还需要施肥吗？

还是需要施肥的，油菜种植一般施用的是颗粒肥料。秸秆在土壤中被微生物分解时，需要消耗一些氮素，增施氮肥可以起到加速秸秆腐解和促进油菜苗期生长旺盛的作用。

我记得以前施肥都是人工撒施，现在的
施肥方式还是在耕整地前人工撒施在地表吗？

现在早就不用人撒施啦，施肥也可以用机
具实现了。播种机上一般都配有肥箱，在机具
旋耕作业前，肥料撒在未耕地表，然后通过旋
耕作业，将肥料与土壤混合，施肥量也能调节，
效率高。

现在机具功能真是齐全，都想到农民心窝里去了。

是的，现在机具作业功能都很齐全。前面讲的施肥方式是混施，肥料用量大，利用率低。现在一般提倡深施肥。

肥料深施是一种节本增效的施肥方式，通过把肥料施入种子正下方或侧下方的指定深度土层中，可以有效降低肥料撒施在土壤表面造成的挥发和流失，促进油菜苗对化肥的吸收。

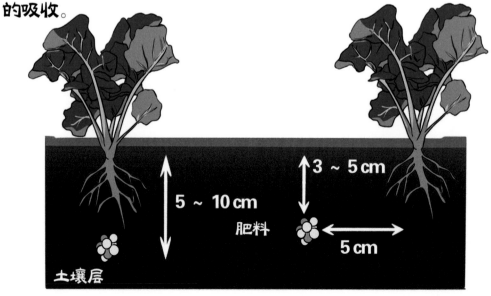

肥料深施一般通过在旋耕部件后面加装深施肥铲，肥料从肥箱经过排肥器、排肥管、深施肥铲落入 7 ~ 10 cm 的细碎土壤层，实现肥料成条分布。

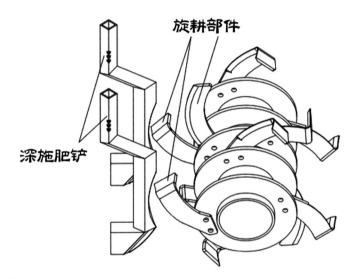

旋耕部件

深施肥铲

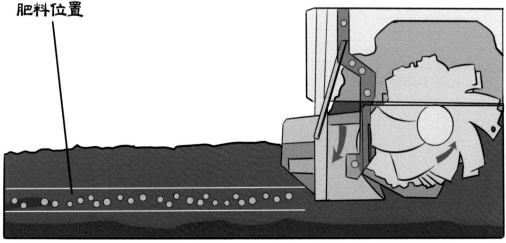

肥料位置

还有更加省肥的深施肥方式，即穴深施肥，通过将肥料深施在油菜根系侧位且肥料颗粒成穴状分布，从而实现肥料精准施用，避免肥料的浪费，提高利用率。

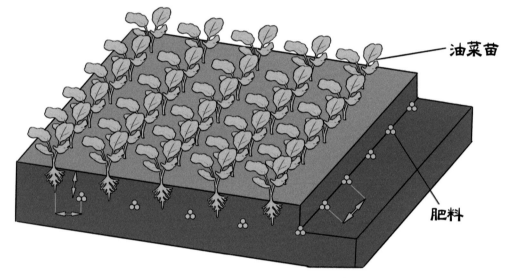

油菜苗

肥料

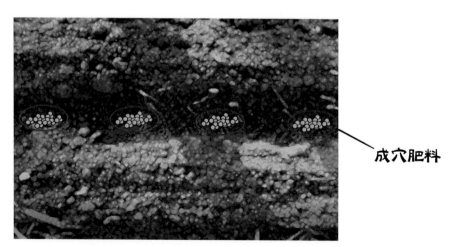

成穴肥料

穴深施肥通过安装在油菜直播机旋耕装置后面的穴施肥装置实现。首先种肥开沟辊主动挤压旋耕后地表土壤，深施肥铲配合种肥开沟辊形成稳定深度的肥沟，排肥器按照一定的时间间隔将肥料颗粒排至出肥口，经深施肥铲内导肥管快速投入肥沟内，实现肥料穴施作业。

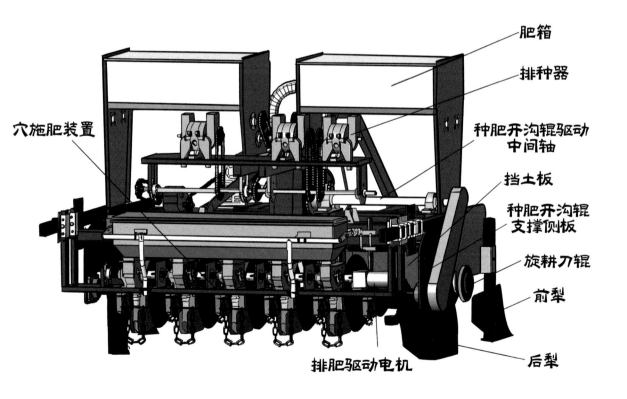

肥箱

排种器

穴施肥装置

种肥开沟辊驱动中间轴

挡土板

种肥开沟辊支撑侧板

旋耕刀辊

前犁

排肥驱动电机

后犁

穴深施肥的覆土铁链将肥沟两侧土壤聚拢填入肥沟内，实现覆土，完成穴施肥过程。这种深施肥方式能很好地提高肥料的利用率，以上所说的两种施肥机具都能降低肥料使用成本。

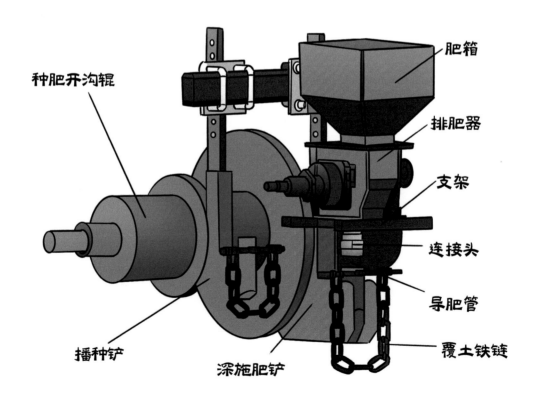

种肥开沟辊

肥箱

排肥器

支架

连接头

导肥管

覆土铁链

播种铲

深施肥铲

听您介绍了这么多机具，每种机具都有特色，实现的功能也是各有区别，那么这些机器配套的动力该怎么选择呢？

配套动力的选择主要与工作幅宽、耕作深度和实现的功能有关，一般油菜耕整地机具的幅宽为 2 000 mm 或 2 300 mm，耕作深度在 80 ~ 200 mm，配套拖拉机动力选择 85 ~ 120 马力（1 马力≈0.735 kW）就可以了，如果是小型的少免耕作业机具，只需要 50 ~ 70 马力拖拉机就可以了。

总而言之，现在国家重视油料安全，鼓励扩种油菜，乡村振兴战略为我们提供政策支持，为油菜生产保驾护航，而且油菜全价值链开发也大有可为，一片光明前景，目前也有相关配套的油菜种植装备，您就放心大胆去干吧！

油博士，听您详细地给我介绍了这么多油菜耕整地机具，我对油菜种植的干劲和信心都倍增了。我这就回去合计合计，先承包一两千亩地，再根据作业要求购买相关油菜生产机具，到时候还要再麻烦您帮我推荐相关机具购买渠道。

好的，没问题，有问题随时联系我！